Pilze aus Amerika, essbar und giftig

Herausgeber: Julius A. Palmer

Writat

Diese Ausgabe erschien im Jahr 2024

ISBN: 9789359947976

Herausgegeben von
Writat
E-Mail: info@writat.com

ALLGEMEINE ANWEISUNGEN.

Diese Diagramme sind eher für den allgemeinen Gebrauch und nicht für Studenten der Botanik gedacht; alle Fachbegriffe werden daher so weit wie möglich vermieden.

Die Namen „Pilz" und „Giftpilz" sind unbestimmt und werden beide aus gleichem Grund auf alle fleischigen Pilze angewendet. Sie werden hier synonym verwendet, wie die entsprechenden Begriffe „Pflanze" und „Gemüse" oder „Strauch" und „Busch" in der Alltagssprache.

Es gibt keinen allgemeinen Test, mit dem man einen giftigen Pilz von einem essbaren unterscheiden kann. Aber jede Pilzart hat bestimmte Identitätsmerkmale, entweder in Aussehen, Qualität oder Wachstumsbedingungen, die für sie charakteristisch sind und sich nie radikal unterscheiden; keine Pilzart kann zu einem bestimmten Zeitpunkt ein *giftiges* Element enthalten und dennoch unter anderen Bedingungen harmlos sein. Wie andere Lebensmittel, ob tierisch oder pflanzlich, können Pilze jedoch aufgrund von Verfall oder Wachstumsbedingungen für den Verzehr ungeeignet sein; dennoch würde in diesem Zustand eine solche Verwendung keine *tödlichen* Folgen haben.

Daher ist die Identifizierung der Arten ein sicherer Leitfaden und das einzige Mittel, um herauszufinden, welche Pilze gegessen werden sollten und welche Pilzarten man meiden sollte. Wenn man einmal gelernt hat, eine Pilzart als essbar zu erkennen, kann man diese Art mit vollkommener Sicherheit essen, wo und wann immer man sie findet; aber jedes Exemplar, das auch nur im geringsten vom Typ abweicht, sollte ein Amateur meiden.

In den Vereinigten Staaten gibt es etwa tausend Pilzarten (kleine oder mikroskopische Pilze ausgenommen). Es gibt daher viele, die auf keiner dieser Tafeln abgebildet sind. Die hier abgebildeten gehören drei Klassen an, nämlich den Lycoperdaceæ oder Bovistpilzen, den Agaricini oder Lamellenpilzen und den Boleti, die eine Unterteilung der Polyporei oder Porenpilze darstellen.

Die folgenden Definitionen werden hier gegeben und als notwendig erachtet:

> **PILEUS.** Die erweiterte Scheibe oder Kappe des Pilzes oder Giftpilzes.

> **KIEMMEN:** Die dünnen Platten sitzen an ihren Rändern unter dem Hut und laufen zu einem gemeinsamen Mittelpunkt am Stiel zusammen.

RÖHREN. Die schwammartige Ansammlung von Poren, die die Stelle der Kiemen unter dem Hut eines Steinpilzes einnehmen.

SCHLEIER. Eine Membran oder Haut, die sich bei jungen Pilzen vom Rand des Hutes bis zum Stiel erstreckt und so die Lamellen umschließt.

RING. Ein Teil des Schleiers, der am Stiel haftet und einen Kragen darum bildet.

VOLVA. Die Hülle oder Umhüllung, die den jungen Pilz umschließt, wenn er sich unter oder knapp über der Erde befindet; Reste davon finden sich im Ring, dem Schleier, an der Basis des Stängels und in der warzigen oder schuppigen Spitze mancher Pilzarten.

Sporen. Die Fortpflanzungskörper, analog zu den Samen einiger anderer Pflanzen, finden sich unter den Kappen von Agaricini und Boleti und erscheinen wie feiner Staub, wenn die Kappe eine Zeit lang mit der Unterseite nach unten liegen gelassen wird.

Unter Speisepilzen gibt es ebenso viele verschiedene Geschmacksrichtungen und Geschmacksrichtungen wie in jeder anderen Ernährungsform, und die sehr allgemeine Unkenntnis dieser Tatsache ist ein ausreichender Grund für die Ausgabe dieser Arbeit. Viele Menschen behaupten, einen Pilz vom Fliegenpilz zu unterscheiden. Das bedeutet, dass es eine Sorte unter Tausenden gibt, die sie mit Sicherheit essen, und das bedeutet nichts weiter. Man könnte genauso gut einen Fisch aus dem Meer auswählen und alle anderen Mitglieder des Flossenstamms meiden, mit der Begründung, dass es dort giftige Fische gibt. Es ist seltsam, dass diese allgemeine Unwissenheit bei den englischsprachigen Menschen am deutlichsten zum Ausdruck kommt. Die Pilzfresser bilden in England eine kleine Clique, doch die Mehrheit ihres Volkes weiß nichts von dieser unentgeltlichen Gabe aus dem Vorrat der Natur. Kein Land ist reicher an Pilzen als Amerika. Würden die ärmeren Klassen Russlands, Deutschlands, Italiens oder Frankreichs während der Herbstregenfälle unsere Wälder sehen, würden sie sich an den reichhaltigen Lebensmitteln erfreuen, die dort verschwendet werden. Denn diese Ernte ist spontan; es erfordert keine Saatzeit und erfordert keine Bauernarbeit. Gleichzeitig ist der wirtschaftliche Wert der Pilzdiät nach Fleisch allein zweitrangig. Wenn Brot und Pilze richtig gesammelt und zubereitet werden, kann es passieren, dass man in den Sommermonaten den Metzger vernachlässigt. Für den unwissenschaftlichen Verstand ist dies aus der einfachen Tatsache ersichtlich, dass Pilze die Luft, die wir atmen, genauso nutzen wie die Luft von Tieren, dass sie gekocht keiner pflanzlichen Nahrung ähneln und dass ihr Geruch im verrotteten Zustand in einigen

Fällen dies auch nicht sein kann von fauligem Fleisch zu unterscheiden. Zu diesem Fest, das die Natur sowohl für die Ärmsten als auch für die Genießer reichlich bereithält, laden wir das amerikanische Volk ein.

Wenn Sie Pilze zum Essen sammeln, schneiden Sie den Stiel etwa einen Zentimeter unterhalb des Hutes ab und legen Sie sie mit den Lamellen nach oben in den Korb oder die Schale. Verdrehen oder ziehen Sie sie niemals, da sich die Lamellen dadurch mit Schmutz füllen, der sich nicht leicht entfernen lässt. Wenn Sie sie mit den Lamellen nach unten legen, verlieren sie einen Großteil ihrer Sporen und verlieren so an Geschmack.

Der Stiel weist beim Schneiden oft feine Löcher auf; dies deutet darauf hin, dass Maden in den Pilz eingedrungen sind. Wenn die Substanz des Hutes weiterhin fest und hart ist, kann der Pilz von Leuten, die nicht besonders lieb sind, gekocht und gegessen werden; wenn er jedoch perforiert und weich ist, kann die daraus resultierende Zersetzung Übelkeit und sogar schwere Krankheit hervorrufen.

Pilze können als Nahrungsmittel auf drei Arten schädlich sein:

(1.) Sie können aufgrund ihrer Zähigkeit, Unverdaulichkeit oder ihres verfallenen Gebrauchs mit dem System nicht übereinstimmen.

(2.) Sie können schleimig, beißend oder anderweitig übelkeitserregend sein.

(3.) Sie können ein subtiles Gift enthalten, ohne dass es Geschmack, Geruch oder andere Hinweise auf seine Anwesenheit aufweist.

Die meisten schädlichen Pilze gehören zur ersten oder zweiten Klasse, die oben genannt wurde, und Geschmack oder gesunder Menschenverstand würden sie leicht ablehnen, es sei denn, sie würden mit anderen Lebensmitteln gekocht oder übermäßig gewürzt. Aus diesem Grund wird einfaches Kochen empfohlen, und außerdem sollte kein Amateur es wagen, andere, ihm unbekannte Pilzarten mit guten Sorten zu vermischen.

Zur dritten Klasse gehört eine Familie, deren Mitglieder häufig ein starkes und tödliches Gift enthalten. Diese Familie ist als *Amanita* -Familie bekannt. Obwohl von vierzehn Arten vier als essbar gelten, wird dennoch empfohlen, alle Pilze als Nahrungsmittel zu meiden, die diese Kennzeichen aufweisen:

(1.) Eine schuppige oder warzige Oberseite, deren Ausstülpungen sich leicht abreiben lassen, die Haut aber intakt bleibt. Bei einer Reihe von Exemplaren sind viele völlig glatt, während sich in ihrer Nähe andere der gleichen Art befinden, bei denen mehr oder weniger Flecken verbleiben.

(2.) Ein Ring; im Allgemeinen groß und zurückgebogen oder nach unten fallend.

(3.) Eine Volva, die die junge Pflanze mehr oder weniger umschließt und an der Basis des älteren Exemplars verbleibt, so dass beim Herausziehen des Pilzes eine Höhle im Boden zurückbleibt.

Diese drei Merkmale sollten bei der typischen Pflanze dieser Familie alle vorhanden sein, und das erfahrene Auge wird Anzeichen ihrer Anwesenheit erkennen, selbst dort, wo sie fehlen. Aber die *Volva* zerfällt während der Lebensdauer des Exemplars selten oder nie, und allen Amateuren wird empfohlen, alles mit diesem Merkmal abzulehnen.

Soweit bekannt, gibt es keine Todesfälle durch den Verzehr von Pilzen außer dieser einen Familie. In allen genau definierten Fällen tödlicher Vergiftung ist die Ursache ebenso genau definiert, nämlich der Verzehr des Pilzes, der in diesem Blatt durch die Tafeln IX und X dargestellt wird. Wenn man diese Familie also genau kennt und gelernt hat, sie immer abzulehnen, hat man bei der Auswahl von Speisepilzen wenig zu befürchten. Die giftigen Sorten der Amanita-Familie sind äußerst verbreitet.

Das Gegenmittel für dieses Gift findet sich in der geschickten Verwendung von Alkaloiden aus der Familie der Solanaceae oder Nachtschattengewächse, insbesondere in subkutanen Injektionen von Atropin. Der Öffentlichkeit kann jedoch im Allgemeinen im Falle einer Vergiftung kein anderer Rat gegeben werden, als unverzüglich einen Arzt aufzusuchen.

Tafel VI zeigt mehrere Mitglieder der Familie der Täublinge. Wenn man einmal gelernt hat, sie ohne Fehlergefahr zu identifizieren, kann man diese Familie bedenkenlos als Nahrungsmittel verwenden; denn alle nicht essbaren Täublinge schmecken scharf oder übel, während die essbaren sehr nussig und angenehm sind. Der Student sollte daher jedes Exemplar probieren, wenn er es zum Kochen zubereitet.

Einige Experten halten alle Steinpilze für essbar, es gibt aber auch welche, die zu bitter zum Essen sind, und ein Exemplar wie das mit der Nummer 1 auf Tafel XI versehene Exemplar würde einen ganzen Eintopf verderben. Die Röhren dieses Steinpilzes (*felleus*) sind hellrosa, obwohl sie frisch und jung weiß erscheinen. Eine gute Regel für Amateure ist, alle grellen Steinpilze zu meiden; damit sind alle gemeint, deren Röhren auch nur den geringsten Rotton aufweisen, obwohl ich solche oft gegessen habe. Die mild gefärbten Mitglieder dieser Familie mit weißen, gelben oder grünlichen Röhren können, sofern sie angenehm schmecken, bedenkenlos gegessen werden.

Tafel VIII. stellt einige der köstlichsten Puffbälle dar. Auf Holz wachsen einige Warzenpilze, die im frühen Wachstum an Puffballs erinnern, deren Eigenschaften noch nicht bekannt sind. Aber alle Arten klarweißer Pilze, die nach Regenfällen in kleinen Kugeln auf dem offenen Boden erscheinen, können mit vollkommener Sicherheit gegessen werden, wenn sie frisch, innen weiß und hart sind; Wenn sie weich und gelblich oder im Fruchtfleisch schwarz sind, sollten sie gemieden werden, da sie kurz vor dem Verfall stehen.

Der wichtigste Ratschlag für den Schüler besteht darin, zu lernen, die Amanita-Familie zu erkennen und sie alle zu meiden; als nächstes, um jeden Pilz, den er als Nahrung verwendet, zu definieren und zu erkennen, damit er aus einem Korb voller verschiedener Pilze ein einzelnes Exemplar desselben auswählen kann; und schließlich, niemals wahllos Pilze als Nahrungsmittel zu sammeln, es sei denn, er hat jede einzelne der verwendeten Sorten durch tatsächlichen Gebrauch getestet. Es gibt eine große Familie von Pilzen, die den Russulas ähneln und beim Zerbrechen oder Schneiden einen milchigen Saft absondern. Der Laie tut gut daran, all das zu meiden, auch wenn die Milch mild im Geschmack ist. Möglicherweise werden in Zukunft weitere Teller mit anderen Sorten köstlicher Pilze herausgegeben.

JULIUS A. PALMER, JR.

PLATTE I.

AGARICUS CAMPESTRIS ET ARVENSIS, ODER DER RICHTIGE PILZ.

BESCHREIBUNG. PILEUS. Von Anfang an trocken, seidig oder flaumig; Kugelig, der Rand ist durch den Schleier mit dem Stiel verbunden, dann ausgeweitet, glockenförmig, zuletzt flach. Die Farbe variiert von Weiß bis Dunkelbraun. Bei der Weideart lässt sich die Kutikula leicht abtrennen.

KIEMEN. Zuerst rosa, dann lila, schließlich fast schwarz, nie weiß; unterschiedlicher Länge.

STENGEL. Nahezu stabil, auch in der Größe, lässt sich leicht aus der Fassung entfernen.

VOLVA. Keiner; aber Schleier vorhanden, der zunächst die Kiemen umschließt, dann einen Ring bildet und schließlich fehlt.

SPOREN. Lila oder violettbraun. GESCHMACK und GERUCH duftend und angenehm.

WÄCHST auf offenen Weiden, Feldwegen oder Straßenrändern; niemals in Wäldern.

(B.) Ähnlich wie oben, aber gröber, spröder und von stärkerem Geschmack; verfärbt sich bei Druckstellen eisenfarben; wächst an Ufern, Straßenkehrichten und in Treibhäusern.

KOCHEN. In Milch oder Sahne eintopfeln; Zum Servieren mit Fleisch vorbereiten, wie unter Tafel II beschrieben. oder grillen, wie in Tafel III beschrieben.

ZUM BRATEN IM OFEN. Schneiden Sie die größeren Exemplare in feine Stücke und legen Sie sie mit Salz, Pfeffer und Butter nach Geschmack in eine kleine Schüssel. Geben Sie etwa zwei Esslöffel Wasser hinein und füllen Sie die Schüssel mit den halboffenen Proben und den Knöpfen. Gut abdecken und für etwa zwanzig Minuten in den Ofen stellen, der nicht überhitzt werden darf. Der Saft der größeren Pilze hält sie feucht und ergibt, wenn sie frisch sind, eine reichliche Soße.

NB: Beim Sammeln der Weidepilze schneiden Sie sie direkt unter dem Hut ab (*nicht herausziehen*); dann können sie ohne Waschen oder Schälen gekocht werden. Die Zuchtpilze sind oft so schmutzig, dass sie gewaschen und geschält werden müssen.

TAFEL II.

COPRINUS COMATUS oder Zotteliger Pilz.

BESCHREIBUNG. HUT. Zuerst oval und hart; dann löst sich der Rand vom Stiel; dann ebenso zylindrisch, der Rand wird schwarz; schließlich ausgedehnt und zerfällt durch Auflösung in eine tintenartige Flüssigkeit. Die Farbe des Hutes variiert von braun bis reinweiß, immer wollig, zottig, die Kutikula löst sich schichtweise wie die Schuppen eines Fisches ab.

LAMELLEN. Zuerst weiß, gedrängt, möglicherweise rosa, dann dunkelviolett oder schwarz und feucht.

STIEL. An der Basis dick, über dem Boden gleichmäßig, hohl, sieht aus wie gekochte Makkaroni.

VOLVA: Keine, aber Ring vorhanden und beim ausgewachsenen Exemplar beweglich.

SPOREN. Schwarz. Starker GERUCH , besonders in der Mitte des Hutes.

GESCHMACK. Roh angenehm, sollte aber nicht gegessen werden, wenn es feucht und schwarz ist.

WÄCHST in Gruppen oder einzeln auf üppigen Rasenflächen, an Straßenrändern oder auf neu aufgefüllten Stadtflächen.

KOCHEN. Geben Sie für etwa zwanzig Pilze ein Gill Milch oder Sahne in einen Topf, würzen Sie mit Salz und Pfeffer nach Geschmack und geben Sie ein Stück Butter in der Größe der größeren Exemplare oben hinzu. Wenn es kocht, geben Sie die Stiele und die kleinen harten Pilze hinein. Geben Sie nach zehn Minuten Kochen die größeren Exemplare hinzu. Lassen Sie das Gericht abgedeckt weitere zehn Minuten kochen, gießen Sie den Eintopf dann über trockene Toasts und servieren Sie ihn.

ZUM SERVIEREN MIT FLEISCH. Die Pilze fein hacken, zehn Minuten in einem halben Liter Wasser mit Butter, Salz und Pfeffer wie für Austernsauce köcheln lassen; mit Mehl oder Reismehl andicken; über das Fleisch gießen und schnell bedecken.

NB: Zum Kochen dieses Pilzes ist jedoch nur sehr wenig Flüssigkeit erforderlich, da er einen eigenen, reichhaltigen Saft abgibt. Er sollte vor dem Kochen immer gereinigt werden, indem man ihn glatt auskratzt, bis er vollkommen weiß ist.

MARASMIUS OREADES ODER FAIRY-RING-CHAMPIGNON.

BESCHREIBUNG. HUT. Lederartig, zäh und von gleichmäßig cremefarbener Farbe, biegsam, wenn feucht; schrumpfend, runzelig, sogar spröde, wenn trocken; ändert den Zustand von ersterem zu letzterem, wenn Tau oder Regen auf heiße Sonne folgt, und auch *umgekehrt* . Kutikula nicht abtrennbar.

LAMELLEN: Breit, weit auseinander, von der gleichen Farbe wie der Hut oder etwas blasser.

STIEL. Massiv, mit gleichmäßigem Umfang; zäh, bricht nicht leicht, wenn er gebogen oder verdreht wird.

VOLVA und Ring, keine.

SPOREN weiß.

GESCHMACK und GERUCH moschusartig, eher stark, aber nussig und angenehm.

WÄCHST in Ringen oder Gruppen in üppigen Rasenflächen oder an Straßenrändern.

KOCHEN. Zum Servieren mit Fleisch oder Fisch schneiden Sie die Spitzen direkt unterhalb der Kiemen von den Stielen ab. Fügen Sie zu einem halben Liter Pilzen, wenn sie feucht sind, etwa eine Kieme Wasser, Pfeffer und Salz nach Geschmack sowie ein Stück Butter hinzu, das halb so groß wie ein Ei ist. Zusammen über dem Feuer zehn bis fünfzehn Minuten köcheln lassen, mit Mehl oder gemahlenem Reis andicken und über das gekochte Fleisch oder den Fisch gießen.

ZUM GRILLEN. Legen Sie die Spitzen wie Austern auf einen feinen Rost. Sobald sie heiß sind, leicht mit Butter bestreichen und mit Salz und Pfeffer abschmecken. Legen Sie sie wieder auf die Kohlen, und wenn sie durchgeheizt sind, sind sie gar. Bei Bedarf mit Butter bestreichen und in eine heiße Schüssel geben.

Hinweis: Wenn die Pilze getrocknet sind, lassen Sie sie vor dem Kochen in Wasser quellen.

PLATTE IV.

AGARICUS CRETACEUS, ODER KREIDEPILZ.

BESCHREIBUNG. PILEUS. Reinweiß, zunächst trocken, fast kugelig, dann glockenförmig, schließlich ausgedehnt und immer dunkler, sogar rauchig. Im frühen Wachstum sehr spröde, die Nagelhaut löst sich immer leicht ab.

KIEMEN. Zuerst reinweiß, dann rosa, schließlich rostig; in Farbe und Textur verdorrt; Bei trockener Hitze verfärbt es sich immer rosa oder dunkel.

STENGEL. Hohl, an der Basis bei kleinen Exemplaren bauchig, dann länglich und gleich; verlässt die Höhle leicht, ohne in die Kiemen einzubrechen.

VOLVA. Keiner; Der Schleier ist deutlich und ganz, umschließt zunächst die Kiemen, reißt dann auf und bildet den Ring.

SPOREN. Blassrosa oder rosig. GESCHMACK : mild, angenehm, aber fade. GERUCH , keiner. Wächst auf Rasenflächen und üppig bepflanzten Rasenflächen; selten oder nie in Wäldern.

KOCHEN. Dieser Pilz ist zwar süß und hat einen festen Körper, hat aber wenig oder gar keinen Eigengeschmack. Es kann daher am besten sein, es wie unter Platte I beschrieben mit Milch oder wie unter Platte III beschrieben zu schmoren. , mit Wasser; In jedem Fall wird ein gewisser Anteil einer oder aller der drei vorstehenden Arten gemischt. In diesem Fall nimmt es den Geschmack vollständig auf. Für diejenigen, die Gewürze mögen, eignet es sich sehr gut als dritte Zutat für Fleisch oder Fisch, wenn man zu diesem Rezept gehackte Petersilie, eine Zwiebel oder eine fein gehackte Knoblauchzehe mit einem Esslöffel Worcestershire-Sauce hinzufügt. Wenn Sie es mit Fleisch servieren, um eine reichliche Soße zu erhalten, kochen Sie es wie unter dem Teller mit essbaren Russulas beschrieben.

AGARICUS PROCERUS ODER PARASOL-PILZ.

BESCHREIBUNG. HUT. Von Anfang bis Ende braun; dickhäutig, sehr schuppig und zottig; zuerst eiförmig, dann geschwollen, schließlich ausgedehnt, mit einer kleinen Spitze in der Mitte, die hervortritt; immer biegsam und ledrig.

KIEMEN. Reinweiß.

STIEL. Faserig, hohl, gleich groß, gesprenkelt, tief in den Hut eingesunken, aus dem er sich frei von den Lamellen zurückzieht und eine tiefe Höhle hinterlässt.

VOLVA. Keine; Schleier zerfetzt, Ring gut definiert und beweglich.

SPOREN. Weiß. GESCHMACK süßlich, nicht ausgeprägt; GERUCH schwach.

WÄCHST auf offenen Feldern und Rasenflächen oder an Waldrändern.

KOCHEN. Wie unter Teller II beschrieben in Milch oder Sahne schmoren ., außer dass dieser Pilz trocken und fest ist und mehr Flüssigkeit verwendet werden kann, da er selbst kaum oder gar keine Soße ergibt. Es eignet sich nicht zum Schmoren in Wasser, eignet sich aber sehr gut zum Grillen, was die großzügige Verwendung von Butter erfordert, oder unter Fleisch gelegt zu werden, wie es bei den essbaren Russulas empfohlen wird.

PLATTE VI.

ESSBARE RUSSULAS.

1, 2. Russula heterophylla.　　**3. Russula virescens.**　　**5. Russula alutacea.**

4. Russula lepida.

BESCHREIBUNG. PILEUS. Viele farbig; weiß, eintönig, grün, lila oder leuchtend rot; Nagelhaut sehr dünn, vom Rand abblätternd, zur Mitte hin festhaftend; glockenförmig, wobei die Kiemen zunächst zusammengedrückt, dann ausgeweitet werden, bis schließlich die Mitte der Kappe eingesenkt oder konkav wird.

KIEMEN. Im Allgemeinen reinweiß, manchmal cremig oder gelbbraun; Fast oder ziemlich gleich lang, steif, spröde, zerfällt beim Drücken in ungleiche Segmente.

STENGEL. Stout, fest oder gefüllt; Im Wesentlichen das gleiche wie das Fleisch der Kappe, oft ziemlich abrupt spitz zulaufend an der Basis.

VOLVA , Ring und Schleier fehlen in jedem Alter der Pflanze vollständig.

SPOREN. Weiß. GESCHMACK : ausgezeichnet roh, wie Nüsse; GERUCH keiner.

WÄCHST in Wäldern, auf Waldwegen oder Lichtungen und wird oft von Eichhörnchen oder anderen Tieren angenagt aufgefunden.

KOCHEN. Entfernen Sie die Haut, soweit sie sich leicht abziehen lässt, und waschen Sie die Mitte des Hutes sauber. Legen Sie sie dann auf einen Rost und lassen Sie sie erhitzen. Buttern Sie sie reichlich und salzen und pfeffern Sie sie nach Belieben. Legen Sie sie dann in eine heiße Schüssel im Ofen. Nachdem Sie ein Beefsteak oder Huhn gegrillt haben, legen Sie es darauf, damit die Soße ablaufen und von den Pilzen aufgenommen werden kann.

NB: Die schädlichen Mitglieder dieser Familie ähneln den essbaren so sehr, dass der Laie nur erkennen kann, wenn er jedes einzelne Exemplar gleich nach der Ernte probiert; die schädlichen sind immer scharf und scharf. Gleiche Lamellen, extreme Brüchigkeit und eine trockene, feste Textur sind charakteristisch für die gesamte Familie der Russula.

TAFEL VII.

BOLETI.

1. Steinpilz (Bovinus).

3. Steinpilz.

5. Steinpilz chrysenteron.

2. Steinpilz.

4. Steinpilz (Boletus subtomentosus).

6. Steinpilz.

BESCHREIBUNG. Nr. 1. BOLETUS BOVINUS. Hut flach, glatt, zähflüssig; die dünne, durchsichtige Schale schält sich leicht. Fleisch weiß, Farbe unverändert (Stiel hat dieselbe Farbe wie Hut). Röhren weißlich gelb, gelb oder grau, flach. Sehr unterschiedliche Größe.

Nr. 2. BOLETUS EDULIS. Hut kissenförmig, trocken, braungrau oder trüb, dick. Fleisch weiß, unveränderlich. Röhren weißgelb bis grün. Stiel sehr dick, oft verkümmert, an der Basis bauchig, sehr angenehm im Geschmack.

Nr. 3. BOLETUS SCABER. Der Hut ist zunächst glockenförmig und hart, dann breit, uneben, weich und flach, die Farbe variiert von dunkelbraun bis rötlich-grau. Der Stiel ist rau, schorfig, faserig. Das Fleisch ist schmutzig weiß, wechselt oft ins Schwarze. Die Röhren sind weiß, rostfarben, stellenweise oft eisenfleckig.

Nr. 4. BOLETUS SUB-TOMENTOSUS. Die Form des Hutes ist sehr variabel, von glocken- bis kissenförmig; auch die Farbe reicht von hellbraun oder oliv bis zu jedem Rotton. Der Stiel ist rot angehaucht, glatt oder mit hellen Linien, oft verdreht. Fleisch, Röhren und Stiel verfärben sich an Stellen, an denen sie gequetscht oder geschnitten sind, blau. Röhren sind gelb und gehen manchmal ins Grüne über. Schmeckt wie Walnüsse.

Nr. 5. BOLETUS CHRYSENTERON. Sehr ähnlich zu Nr. 4, außer dass der Hut oft ziegelrot ist. Das Fleisch ist schwefelgelb und kaum veränderlich, und der Stiel ist rötlicher.

Nr. 6. BOLETUS STROBILACEUS. Die ganze Pflanze ist schwärzlich, wird rot, wenn sie gequetscht oder geschnitten wird, zerfällt in dicke Tannenzapfensegmente oder Schuppen. Die Röhren sind weiß oder rostfarben, oft von einem Schleier umhüllt.

KOCHEN. Schlagen Sie einen Teig oder einfach ein paar frische Eier auf, legen Sie die Pilze hinein und wenden Sie sie, damit die Flüssigkeit an ihnen haften bleibt. Dann braten Sie sie in heißem, kochendem Fett oder auf einer gebutterten Bratpfanne, je nach Geschmack, mit Salz und Pfeffer nach Geschmack. Grillen, backen oder unter Fleisch servieren, wie in den anderen hier aufgeführten Rezepten. Von den oben genannten können die Nummern 2, 4 und 5 gedünstet werden, aber die anderen und eigentlich alle Boleti sind so feucht oder zähflüssig, dass sie viel besser bei trockener Hitze gekocht werden.

NB: Bei allen oben genannten und vielen anderen Sorten essbarer Steinpilze sind die Röhren weiß, grau, grün oder gelb gefärbt; keine ist auch nur leicht rötlich.

TAFEL VIII.

LYCOPERDACEÆ ODER PUFFBÄLLE.

1. Lycoperdon giganteum. Riesiger Puffball.

2. Lycoperdon saccatum. Kleiner Puffball.

3. Lycoperdon gemmatum. Birnenförmiger Puffball.

Es gibt viele Sorten, die in den meisten Fällen einer der drei oben genannten entsprechen. Einige wachsen auf Baumstümpfen, die meisten wachsen jedoch nach starken Regenfällen auf sandigen Böden. Keiner ist giftig.

KOCHEN. Machen Sie einen Teig, der richtig gewürzt ist, wie zum Braten von Auberginen, oder schlagen Sie Eier für den gleichen Zweck auf. Schneiden Sie die Blätterteigbällchen in etwa einen Zentimeter dicke Scheiben und braten Sie sie in kochendem Fett oder auf einer mit Butter bestrichenen Grillplatte. Blätterteigbällchen lassen sich auch sehr gut mit Coprinus oder gewöhnlichen Pilzen schmoren, da ihre poröse Substanz den kräftigeren Geschmack aufnimmt.

AGARICUS (AMANITA) VERNUS ODER GIFTIGER WEISSER PILZ.

BESCHREIBUNG. HUT. Zuerst eiförmig oder bauchig, in der Volva eingeschlossen, dann erweitert, immer rein weiß, bei Berührung meist feucht oder zähflüssig; Kutikula dünn, abtrennbar.

LAMELLEN: Reinweiß, ungleichmäßig, frei vom Stiel.

STIEL. Lang, rau oder wollig, gefüllt oder zum Hut hin etwas hohl.

VOLVA. Immer vorhanden. Ring markiert bei mittlerem Wachstum; fehlt oft bei Reife der Pflanze; und das gleiche gilt für die Warzen oder den Schorf auf dem Hut.

NB: Für viele Menschen ist dieser Pilz weder unangenehm im Geschmack noch im Geruch. Er wächst in und an Waldrändern und kann, wenn er halb geöffnet ist, leicht mit den Pilzen auf den Tafeln I oder IV verwechselt werden , wenn man nicht auf die Volva achtet. Er ist tödlich giftig.

GIFTIGE PILZE DER GATTUNG AMANITA.

1. Agaricus (Amanita)   2, 3. Agaricus   4. Agaricus
muscarius.   (Amanita) phalloides.   (Amanita) Mappa.

ALLGEMEINE BESCHREIBUNG VON OBEN. Direkt unter der Erde pflanzen, von einer Volva oder Hülle umgeben, die während der Reifung (1) an der Basis verbleibt und weiterhin den Stängel umhüllt; (2) im Kragen oder Ring; (3) auf dem Haufen in Form von leicht abtrennbaren Schuppen oder Warzen. Im Allgemeinen frei von unangenehmem Geschmack oder Geruch, außer beim Verfall, wenn die in den Abbildungen Nr. 2 und Nr. 3 dargestellte Sorte faulig und ekelerregend ist. Die Kiemen sind in jeder Wachstumsphase reinweiß. Pileus hat eine sehr variable Farbe, von reinem Weiß bis hin zu leuchtendem Orange oder Rot. Alle enthalten ein tödliches Gift.

PLATTE XI.

GIFTIGE ODER VERDÄCHTIGE BOLETI.

1. Boletus felleus,   **2. Boletus alveolatus,**   **3, 4. Boletus luridus,**
Bitterer Steinpilz.   **Purpurr Steinpilz.**   **Greller Steinpilz.**

ABBILDUNG 1 oben ähnelt stark den Abbildungen 2 und 3, Tafel VII. , ein Speisepilz, von dem er leicht durch seinen bitteren Geschmack und die rosigen Röhren zu unterscheiden ist.

BEI ABBILDUNG 2 handelt es sich um eine typisch amerikanische Art, und der Grund für den Verdacht liegt in der Tatsache, dass alle Steinpilze, die rote oder rotmaulige Röhren haben, als giftig angesehen wurden. Obwohl diese Sorte für die Veranschaulichung des grellen Steinpilzes wertvoll ist, ist sie wahrscheinlich essbar.

ABBILDUNG 3 kann leicht mit den Abbildungen 4 und 5, Tafel VII verwechselt werden. , von Speisepilzen, wenn nicht auf die Farbe der Röhren geachtet wird.

PLATTE XII.

GIFTIGE ODER FALSCHE CHAMPIGNONS.

**1, 2. Agaricus
(Naucoria) semi-
orbicularis.**

**3, 4. Agaricus
(Stropharia) semi-
globatus.**

**5, 6. Agaricus
(Naucoria)
pediades.**

ABBILDUNG 1 und ABBILDUNG 2 oben zeigen einen kleinen Pilz, der auf Rasenflächen und Weiden wächst und sehr leicht mit denen auf Tafel III mit Speisepilzen verwechselt werden kann. Aber erstens haben sie keine Spitze, sondern sind streng kreisrund. Zweitens verfärben sich die Lamellen mit dem Alter oder beim Verfall stets wie in Abbildung 7 oben. Drittens ist die Beschaffenheit weich und der Pilz trocknet in der Sonne nicht hart und dehnt sich bei Feuchtigkeit nicht wieder aus wie ein *Marasmius*.

DIE ABBILDUNGEN 3 und 4 sowie 5 und 6 veranschaulichen die Arten, die am häufigsten in oder auf Mist vorkommen, und die oben genannten Unterscheidungen gelten gleichermaßen für diese beiden Sorten. Es ist nicht bekannt, dass die oben genannten Pflanzen unbedingt giftig sind, sie haben jedoch nicht die wohlschmeckenden Eigenschaften des Feenringchampignons. Es gibt auch andere kleine Pilze von weicher Beschaffenheit und zweifelhafter Qualität, die diesen sehr ähnlich sind und auf Rasenflächen und Weiden wachsen. Ziel dieser Tafel ist es, dem Amateur beizubringen, alle Pilze dieser Art zu meiden. Die verdächtigen Marasmius-Sorten wachsen nicht zusammen mit den essbaren Arten, sondern in Wäldern.

of many collaborators who would undertake systematically to read and to extract English literature. He called upon the Philological Society, therefore, as the only body in England then interesting itself in the language, to undertake the collection of materials to complete the work already done by Bailey, Johnson, Todd, Webster, Richardson, and others, and to prepare a supplement to all the dictionaries, which should register all omitted words and senses, and supply all the historical information in which these works were lacking, and, above all, should give quotations illustrating the first and last appearance, and every notable point in the life-history of every word.

From this impulse arose the movement which, widened and directed by much practical experience, has culminated in the preparation of the Oxford English Dictionary, 'A new English Dictionary on Historical Principles, founded mainly on the materials collected by the Philological Society.' This dictionary superadds to all the features that have been successively evolved by the long chain of workers, the historical information which Dr. Trench desiderated. It seeks not merely to record every word that has been used in the language for the last 800 years, with its written form and signification, and the pronunciation of the current words, but to furnish a biography of each word, giving as nearly as possible the date of its birth or first known appearance, and, in the case of an obsolete word or sense, of its last appearance, the source from which it was actually derived, the form and sense with which it entered the language or is first found in it, and the successive changes of form and developments of sense which it has since undergone. All these particulars are derived from historical research; they are an induction of facts gathered by the widest investigation of the written monuments of the language. For the purposes of this historical illustration more than five millions of extracts have been made, by two thousand volunteer Readers, from innumerable books, representing the English literature of all ages, and from numerous documentary records. From these, and the further researches for which they provide a starting-point, the history of each word is deduced and exhibited.

Since the Philological Society's scheme was propounded, several large dictionaries have been compiled, adopting one or more of Archbishop Trench's suggestions, and thus showing some of the minor features of this dictionary. They have collected some of the rare and obsolete words and senses of the past three centuries; they have attained to greater fullness and exactness in exhibiting the current uses of words, and especially of the many modern words which the progress of physical science has called into being. But they leave the *history* of the words themselves where it was when Dr. Trench pointed out the deficiencies of existing dictionaries. And their literary illustrations of the older words are, in too many cases, those of Dr. Johnson, copied from dictionary to dictionary without examination or verification, and, what is more important, without acknowledgement, so that the reader has no warning that a given quotation is merely second- or third-hand, and, therefore, to be accepted with qualification [15] . The quotations in the New English Dictionary, on the other hand, have been supplied afresh by its army of volunteer Readers; or, when for any reason one is adopted from a preceding dictionary without verification, the fact is stated, both as an acknowledgement of others' work, and as a warning to the reader that it is given on intermediate authority.

Original work, patient induction of facts, minute verification of evidence, are slow processes, and a work so characterized cannot be put together with scissors and paste, or run off with the speed of the copyist. All the great dictionaries of the modern languages have taken a long time to make; but the speed with which the New English Dictionary has now advanced nearly to its half-way point can advantageously claim comparison with the progress of any other great dictionary, even when this falls far behind in historical and inductive character. [16] Be the speed what it may, however, there is the consideration that the work thus done is done once for all; the structure now reared will have to be added to, continued, and extended with time, but it will remain, it is believed, the great body of fact on which all future work will be built. It is never possible to forecast the needs and notions of those who shall come after us; but with our present knowledge it is not easy to conceive what new feature can now be added to English Lexicography. At any rate, it can be maintained that in the Oxford Dictionary, permeated as it is through and through with the scientific method of the century, Lexicography has for the present reached its supreme development.

In the course of this lecture, it has been needful to give so many details as to individual works, that my audience may at times have failed 'to see the wood for the trees,' and may have lost the clue of the lexicographical evolution. Let me then in conclusion recapitulate the stages which have been already indicated. These are: the glossing of difficult words in Latin manuscripts by easier Latin, and at length by English words; the collection of the English glosses into Glossaries, and the elaboration of Latin-English Vocabularies; the later formation of English-Latin Vocabularies; the production of Dictionaries of English and another modern language; the compilation of Glossaries and Dictionaries of 'hard' English words; the extension of these by Bailey, for etymological purposes, to include words in general; the idea of a Standard Dictionary, and its realization by Dr. Johnson with illustrative quotations; the notion that a Dictionary should also show the pronunciation of the living word; the extension of the function of quotations by Richardson; the idea that the Dictionary should